U0887968

中国文化经典基础教育诵本

孝经

吴小晴　主编

黄河出版传媒集团
阳光出版社

图书在版编目（CIP）数据

孝经 / 吴小晴主编. -- 银川：阳光出版社，
2016.8（2020.12重印）
（中国文化经典基础教育诵本）
ISBN 978-7-5525-2956-2

Ⅰ. ①孝… Ⅱ. ①吴… Ⅲ. ①家庭道德－中国－古代
②《孝经》－少儿读物 Ⅳ. ①B823.1-49

中国版本图书馆CIP数据核字(2016)第220157号

中国文化经典基础教育诵本　孝经　　吴小晴　主编

责任编辑　徐文佳
封面设计　民谐文化
责任印制　岳建宁

黄河出版传媒集团
阳　光　出　版　社　出版发行

出 版 人　薛文斌
地　　址　宁夏银川市北京东路139号出版大厦（750001）
网　　址　http：//www.ygchbs.com
网上书店　http：//www.shop129132959.taobao.com
电子信箱　yangguangchubanshe@163.com
邮购电话　0951-5047283
经　　销　全国新华书店
印刷装订　河北燕龙印刷有限公司
印刷委托书号　（宁）0019198

开　　本　710 mm × 1000 mm　1/16
印　　张　8
字　　数　96千字
版　　次　2016年11月第1版
印　　次　2021年1月第2次印刷
书　　号　ISBN 978-7-5525-2956-2
定　　价　24.00元

版权所有 翻印必究

编者的话

古往今来，绵延五千年的中华文化，一直滋养着生生不息的华夏民族，多少仁人志士，在国学经典的引导激励下，谱写了一曲曲慷慨激昂的壮丽篇章。那些饱含圣贤宗师心血的经、史、子、集，历经发展和丰富，融入了中华民族的血脉，铸就了中华民族的脊梁，毋庸置疑地成为宝贵的文化遗产、浓缩的至理名言、永恒的精神食粮、深奥的智慧结晶。

这些国学经典，字字珠玑，篇篇隽秀。其中哲言警句、诗词寓言、成语典故、道德伦理、人文史话、风俗礼仪等无所不有。在全社会开展社会主义“八荣八耻”荣辱观教育的今天，在各学校努力培养德、智、体、美、劳复合型人才的同时，让学生捧读国学经典，和圣贤“对话”，与古人“沟通”，树立“天下为公”的理念，培育“爱我中华”的情衷，无疑具有深刻的现实意义和历史意义。

为此，我们精心汇编了易读、易记、易学、易用的国学启蒙教育丛书——《中国文化经典基础教育诵本》，共有《论语》《孟子》《尚书》《大学》《中庸》《礼记》《孝经》《诗经》《易经》《春秋左氏传》《三字经》《千字文》《弟子规》《增广贤文》《笠翁对韵》《幼学琼林》《唐诗精选》《宋词精选》十八册，旨在使少年儿童自幼养成仁慈博爱、乐施行善、孝亲敬师、包容宽厚、诚实守信、自强进取、好学勤劳、谦虚谨慎的传统美德。

另外，我们针对少年儿童心理、生理、能力、智力的特点，分别设立了“快乐诵”“注译窗”“博学角”“智多星”“七彩板”五个版块。并以其译文精确、故事贴切、图文并茂、寓意深刻等特色，极大地满足并迎合了少年儿童学以致用、模仿互动的需要。

亲爱的小读者：当你们看到“启明星”早早地在天边迎接太阳冉冉升起的时候，一定会明白我们编写这套丛书的初衷。但愿这颗“启明星”能与你们相随相伴、相融相通，帮助你们实现高品位、高质量的美好人生。

目录

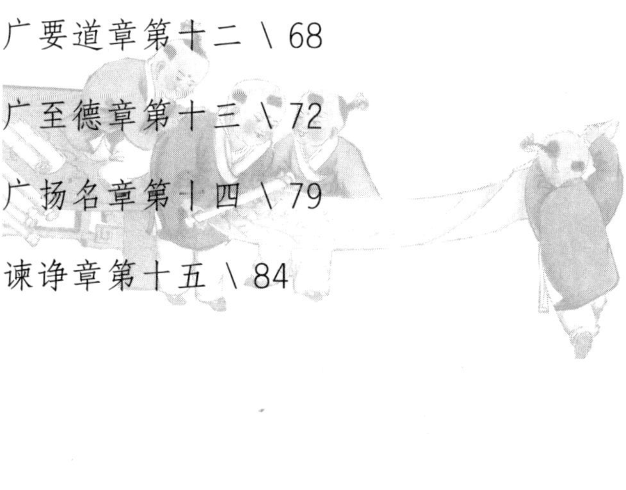

孝经

开宗明义章第一

快乐诵

仲尼居，曾子侍。子曰：“先王①有至德②要道，以顺③天下，民用和睦，上下无怨。汝知之乎④？”

曾子避席⑤曰：“参不敏，何足以知之？”

子曰：“夫孝，德之本也，教之所由生也。复坐，吾语汝⑥。身体发肤，受之父母，不敢毁伤，孝之始也。立身行道，扬名于后世，以显父母，孝之终也。夫孝，始于事亲，中于事君，终于立身。”

《大雅》云：“无念尔祖，聿修厥德⑦。”

注译窗

看看下面的注释和译文，你就知道它是什么意思了！

①先王：先代圣帝明王，这里指尧、舜、禹、汤、文王、武王等历史上著名的贤君圣王。

②至德：至美之德。

③顺：顺理，治理。

④汝知之乎：你知道这些道理吗？汝，第二人称代词，你。乎，语气词，用在句末表示疑问或反问。

⑤避席：离开座位。《吕氏春秋·直谏》："桓公避席再拜。"高诱注："避席，下席也。下席者，犹言离去其席位也。"指离开坐位站起来以示恭敬。

⑥吾语汝：吾，我。语，告诉。《广雅·释诂》："告，语也。"

⑦聿修厥德：意思是修述其先祖之功德。《尔雅云："聿，循也，述也。"厥，代词，古代厥、其二字相通。

孔子闲居在家，他的学生曾子在旁边侍坐。孔子说："先圣帝王都具有至高无上的美德和安邦治国的策略,并用它来治理天下，以顺应天下百姓的心意。因此天下的百姓都能够和睦相处，上上下下和和气气，互相之间谁也没有怨恨。你懂得这里面的道理吗?”

曾子离开座位站起来恭敬地说:“我不够聪敏，怎么能够明白先王的至德要道呢?”

孔子说:“孝道，是所有德行的根本，一切教化都在此基础上产生。你坐下来，让我告诉你：身躯、四肢、头发、皮肤，都是父母所给予的，作为一个孝子就不能使之有任何伤害，这就是尽孝的开始；如果一个人树立了自己的志向，平时能够立身反省，行为处世遵循道理，自己的名声就能流传后世，并使父母声誉荣耀，这便是尽孝道得到的最圆满的结果了。一个人行孝的方面是很广博的，首先从侍奉自己的父母开始，其次是侍奉自己的君王，最后是修身立世实现自己的志向。”

博学角

忠孝节气

“始于事亲，中于事君，终于立身。”这就是孝道的纲领。

中国历史上许多文臣武将，如大家所熟悉的诸葛亮、魏征、岳飞、林则徐等，都是先从孝敬自己的父母开始，然后侍奉君主，最后功成名就、名垂千古，成为后人学习效仿的楷模。

时至今日，我们所提倡的尊老爱幼、热爱祖国、心怀抱负等新的道德要求，可以说是孝道的发展和完善。在家里，子女尊敬长辈，长辈爱护子女，共享天伦之乐；在社会上，尽职尽责，为国家做出自己应有的贡献；而对个人来讲，只有注重修身养性，才能不断增长真才识学，实现自己的宏伟理想。这三个方面都做好了，我们的社会才会和谐有序、不断发展。

智多星

读一读

警孝诗

梁上有双燕，翩翩雄与雌，衔泥两椽间，一巢生四只。
四儿日夜长，索食声孜孜，青虫不易捕，黄口饱难期。
咀爪虽欲弊，心力不知疲，须臾千往来，犹恐巢中饥。
辛勤三十日，母瘦雏渐肥，喃喃教言语，一一刷毛衣。
一旦羽翼成，引上庭树枝，举翅不回顾，随风四散飞。
雌雄空中鸣，声尽呼不归，却入空巢裏，啁啾终夜悲。
燕燕尔勿悲，尔当反自思，当年父母念，今日尔应知。

七彩板

看看父母是如何尊重长辈的，想想你和他们做的一样吗？如果有不足的地方，尽快改正吧。

天子章第二

子曰："爱亲者，不敢恶于人；敬亲者，不敢慢于人。爱敬尽于事亲，而德教加于百姓，刑于四海。盖天子之孝也。《甫刑》云：'一人有庆，兆民赖之。'"

看看下面的译文，你就知道它是什么意思了！

孔子说："如果是一个懂得热爱自己父母的人，就丝毫不敢厌恶别人的父母；如果是一个懂得敬奉自己父母的人，就丝毫不敢怠慢别人的父母。竭尽爱敬侍奉父母之心，施展教化万民百姓之力，因此他在普天之下就能成为四海效法的榜样，这就是天子应尽的孝道。《尚书·甫刑》上说：‘如果天子热爱亲人，孝敬亲人，能够施行德政，那么天下的亿万百姓就都仰赖他。’”

博学角

孝敬长辈

孝敬父母长辈，是中华民族传统美德中的重要组成部分。父母长辈，养育了晚辈，自然应受到晚辈的孝顺尊敬。试设想，一个对父母长辈出言不逊、举止不雅的人，能成为爱国成才、奉献力量的人物吗？古今往来的名人贤士，多是忠孝两全，值得称道的杰出人物。请听下面两则故事。

一则是“方观承千里探亲”的故事。

清朝乾隆年间，安徽桐城的方观承，是一位出了名的孝子，他千里探亲的故事，至今被人们传为美谈。

方观承的祖父、父亲都曾做过朝廷命官。清朝的文字狱使其祖父、父亲因一朋友写了一书而被株连，流放到黑龙江充军服役，其家产也被没收充公。年幼的方观承兄弟无依无靠，只得到寺庙中暂栖其身。

在寺庙中，方观承兄弟含泪度日，备尝艰辛，但方观承最想念的还是祖父和父亲。他鼓足勇气，向长老提出请求，允许他俩前往边疆探望长辈。长老念及二人年幼，尽管有些孝心，恐怕不能成行，

便极力劝阻。方观承则恳求说："祖父、父亲遥在天涯，对家中亲人望眼欲穿，我们若能前往，定会增添些许慰藉。为给二老一点安慰，我们即使受点折磨，遭受点艰难，也在所不辞。请长老思准，让我们启程。"方家兄弟的义举，感动了长老，长老送其路费，含泪目送他们踏上探亲路程。

一路上，他们风餐露宿，跋山涉水，忍饥挨饿，搀扶相行，衣破成条，脚生老茧。几个月后，他们终于见到了二老。四人抱头痛哭之后，祖父、父亲心中为自己有这样的孝顺后代顿生快慰，一家四口人陶醉在融融的天伦之乐之中。

另一则是"冯玉祥买肉孝父"的故事。

冯玉祥将军不仅是个著名的爱国将领，还是个远近闻名的孝子。

旧社会当兵是个苦差事，当兵的经常发不上军饷，逢五排十还要打靶。每到打靶的日子，父亲念其年幼身弱，总想方设法给儿子凑几个小钱，让他买个烧饼充饥。

可懂事的小玉祥看到家里日子艰难，父亲又伤了腿，正需补补身子。但如果不要这钱，父亲会生气。于是他就把父亲给的钱一个不花，攒了起来，过些天再把自己平时省下的一点饷钱凑在一起，到肉店买了二斤猪肉，请假回家给父亲烧了锅焖猪肉。

父亲见后顿时生疑，便质问这肉的来历。冯玉祥深知父亲的严厉，只好如实道来。

听后老父亲一把拉过懂事的孩子，一句话也说不出，眼泪扑簌簌地掉了下来。

像这样孝敬父母的典型事例不胜枚举，当今许多有高尚情操的青少年，也是孝敬父母、孝敬长辈的好楷模。这种把孝心献给长辈，把爱心送给别人的好人好事，汇成了一首首人间完美温馨的爱的乐章，奏出了时代的强音。

智多星

读一读

春秋时期，鲁国卞州有一位少年，家境十分贫寒。他天性聪颖，喜欢逞强好斗，但侍奉父母却极尽孝顺。看看这首诗，猜猜他是谁？

拜官使楚忆亡老，
空叹前事是渺渺。
家贫无食餐野菜，
百里负米奉亲饱。

七彩板

孔子将“孝”分成了五个等级，第一等便是：“天子之孝”。什么是“天子之孝”？请你来讲一讲。

诸侯①章第三

在上不骄，高而不危；制节谨度，满而不溢。高而不危，所以长守贵也。满而不溢，所以长守富也。

富贵不离其身，然后能保其社稷，而和其民人，盖诸侯之孝也。

看看下面的注释和译文，你就知道它是什么意思了！

①诸侯：指由天子分封的国君。《正义》：“次天子之贵者，诸侯也。”按《释诂》：“公侯君也，不曰诸公者，嫌涉天子三公也，故以其次称为诸侯，犹言诸国之君也。”

一个人如果身居高位，却能做到不骄不躁、谦虚谨慎，那么就用不着惧怕有遭到排挤的危险。

如果做到事事节省费用、慎守法度，即使国家经费充裕也不会追求豪华奢侈而浪费。地位显赫而没有倾覆的危险，自然就能长久地保持尊贵的职位；财物丰富而能做到谨慎开支，自然能长久地保持充裕的财源。

身为诸侯，首先要使尊贵不离开自身，然后才能确保他的社稷，跟天下百姓和悦地相处。

这就是诸侯应尽的孝道。

博学角

甄彬还金

我国南北朝时期，有一个叫甄彬的人，他心地善良，懂得自尊自爱，享有一个好名誉。

有一年春荒时节，甄彬家里断了炊，仅剩下一捆上年秋天收获的苎麻，是留着打算织成夏布做夏季衣服用的。

如今为了糊口，只好拿到当铺里去抵押，当了钱，好买米下锅。

秋收后，甄彬凑足了钱，到当铺里赎回了那捆苎麻。回家打开苎麻时，发现里面夹带了一个手巾包，手巾包里竟是黄灿灿的金子，足足有5两重。

甄彬对妻子和孩子说："不是我们应得的东西，

别说是5两黄金，就是1斤，我们也不能要。依我看，这些东西还是还给人家好。”

全家人都表示赞同。

当铺里的人见甄彬送还金子，才猛然想起：那是不久前，有人用这包金子来抵押换钱，当时没有来得及放好，顺手塞进麻捆里，事后也就忘了。

若不是甄彬主动把金子送回来，他们竟不知道金子是怎样丢失的。

当铺里的人见金子失而复得，非常感激甄彬，执意要把一半金子分给甄彬，可甄彬说啥也不肯要。就这样，往返十余次都被甄彬谢绝了。甄彬对他们说：“我虽然家境贫寒，但不能见利忘义。”

甄彬把自己的名誉看得比金子还珍贵，他的高尚品格赢得了人们的尊敬。

智多星

猜一猜

他是商代的始祖神，与商代卜辞高祖夔(ku í)相当。阅读这首诗，猜猜他是谁？

父顽母刁象弟傲，
宽隙重华力尽孝。
象耕鸟耘历山君，
尧委帝事书贤道。

七彩板

送人玫瑰，手有余香。如果你的家境比较富裕，你能够为社会、为贫困山区的孩子做些什么呢？

卿大夫章第四

非先王之法服不敢服，非先王之法言不敢道，非先王之德行不敢行。

是故非法不言，非道不行；口无择言，身无择行；言满天下无口过，行满天下无怨恶：三者备矣，然后能守其宗庙，盖卿大夫之孝也。

《诗》云："夙夜匪懈，以事一人。"

看看下面的译文，你就知道它是什么意思了！

不符合先王所制定的礼法的衣服，决不敢随意穿在身上；不符合先王所制定的礼法的言辞，决不敢随意说出口；不是先王所遵循的道德的行为，决不敢任意推行。

因此，不敢乱说不合礼法的言论，不敢推行不合礼法的行为。如果所说的每一句话都合乎礼法，也就用不着担心会有什么失误而去选择好坏。如果所做的每一件事都合乎道德标准，也就不用担心有什么过错而有所选择。尽管说的话流传于天下，但决不会说错话；尽管做的事多，天下人也看得很清楚，但决不会遭人怨恶。如果以上所说的三项：不是先王所制定的法服，就不敢穿在身上；不是先王所制定的法言，就不敢说出口；不是先王所遵循的德行，决不敢任意推行，卿大夫都能做到的话，然后方能永远守住他的先祖的宗庙，这便是卿大夫应尽的孝道了。

博学角

苏武牧羊

两千多年以前的汉朝，版图非常的辽阔，活跃在北方的匈奴不停地侵犯边疆，因此朝廷也经常出兵反击他们。

后来匈奴的单于派使节向汉朝朝贡，希望能借此拉拢彼此之间的邦国友谊。于是汉武帝决定派苏武向匈奴回礼，并护送他们的使节回去。

出使的那一天，苏武手中持着长长的“汉节”，那是邦国之间互相往来的信物，他率领着一百多人组成的和平使团，带着丰厚的礼物，随着一声声威武的号令，庄严而肃穆地踏上征程。

放眼望去，那浩荡的队伍展现出无比的威德，他们所要传达给远方匈奴的信息，便是大汉民族对于战争永远不再发生的殷切期望。

但不幸的是，他们遇到了匈奴内部的一场叛乱。

叛变的人和苏武的副使张胜过去曾经有过密切往来，结果不但张胜被连坐，连苏武也无辜地受到了牵连，被扣押在了匈奴，和平的任务尚未完成，即遭此劫难，让苏武非常痛心。

单于知道苏武为人忠贞厚道，于是想借机劝他投降，就派遣卫律等人去游说，苏武义正辞严地说："如果我忘恩负义、背叛朝廷，就算是活着，也没有颜面再回到汉朝！"

说罢，他抽出配刀，往自己身上刺了进去。一时间，鲜血喷洒而出，他倒在了一片血泊中。卫律大惊失色，赶紧冲上前去救他，医治了半天他才苏醒过来。

单于看到苏武的志节这样地高迈，内心对他产生了敬佩之情，就想用高官厚禄来收买他，请他为匈奴效力，但是被苏武断然回绝了。

后来，恼羞成怒的单于把他幽禁到了地牢里，想把他活活地饿死，逼他投降。

在寒气逼人的地洞中，身心憔悴的苏武躺在刺骨的寒冰上，疲惫地昏了过去。不久，难以忍受的饥饿使他苏醒了过来，他爬到雪堆旁，将一把雪塞进了嘴里，又抓起“汉节”上的一撮毡毛，艰难地咽了下去。奇迹出现了，几天之后，苏武居然没有死。单于被他惊吓坏了，以为他一定是个神人，否则这要换成别人，早就死了好几回了。

后来，单于把苏武流放到了荒无人烟的北海，只送给他几只公羊，目的是要让他像无法繁殖的公羊那样衰老、绝后、自生自灭，要他等到公羊能够哺乳才可以回来。

苏武拄着“汉节”，在风雪交加的北海牧羊，他常常抚摸着它，就像是见到汉王一样。“汉节”从来

没有离开过他的手，节上的毛早就脱落了，完成出使匈奴任务的使命感和忠于汉朝的气节，始终在支持着他一定要活着回去。

苏武就凭着这股坚忍不拔的毅力，吃着野鼠，啃着野草，艰难地活了下来。他希望总有那么一天，能重见曙光，返回大汉的国土。

六年过去了，有一次，单于的弟弟于靬王到北海去打猎，惊奇地发现苏武居然还活着。在这种严酷恶劣的环境中，人怎么可能活得下去呢？

于靬王被他深深地感动了，默默地送来了一些食物和牲畜，希望能改善他的生活。

但是好景不长，三年之后于靬王过世，而苏武赖以生存的这些财物却全部用光了。又回复到从前那种艰苦不堪的日子。

艰辛的日子又这样过了五年，单于派李陵来劝苏武投降。李陵是汉朝李广将军的孙子，也是一位骁勇善战的将军，他在投降匈奴之后，一直都不敢去拜见苏武，苏武高尚的人格，始终令他感到自责和羞耻。而这次受命于单于，他只好硬着头皮去。

李陵恳切地劝他说：“在这种没有人烟的不毛之

地，哪里有信义可言？有谁见得到你的信和义、忠与贞呢？回到汉朝的希望太遥远、太渺茫了，人生那么短暂，就像朝露一样，你究竟是何苦呢？”

苏武长叹了一口气说道：“做臣子的忠于他的君王，就如同做儿子的孝顺他的父母一样，是天经地义的事情；儿子为了报答父母，就算是死了都在所不惜，更不要说这样的一点折磨了。我和父亲受封于朝廷，国家曾经给予我们非常优厚的恩宠，朝廷的深恩大德我永远报答不尽。今天就算是为国家牺牲，我都心甘情愿，请你不要再劝我了。”

李陵听了之后百感交集，赞美苏武是一位真正的义士，并对自己的苟且偷生悔恨不已。回去之后，他送来了几十头牛羊，希望能改善苏武的生活。

不久之后，汉武帝驾崩了，当李陵把这个消息告诉他的时候，苏武沧桑的脸上乍现出深切的痛苦。他面向南方，扑倒跪地，放声痛哭，鲜血顺着嘴角流在了地上。从那以后，他终日悲恸地哭泣，谁都劝不了他。

数年之后，汉朝跟匈奴开始和亲，苏武终于能够回到故乡。李陵流着泪，目送他消失在万里黄沙中。

十九年前由一百多人组成的声势浩大的使团，现在只剩凄冷的九个人，苏武怀着无尽的伤感，踏上返乡的道路。

回到京师，苏武首先泪流满面地拜谒了汉武帝的陵墓。朝廷有感于他的志节，给了他非常优厚的待遇。后来宣帝封他为关内侯。

苏武把财产全部分送给亲朋、故旧，自己什么都没有留下。他的妻子已经改嫁，儿子因被株连死去多年，而他自己也已经白发苍苍了。

苏武得到了天下人对他的敬仰，不但在汉朝，在匈奴这样的国家，也赢得了匈奴人的尊敬。

孔子说："志士仁人，有杀身以成仁，无求生以害仁……使于四方，不辱君命"，而苏武的人生正是对这一名言警句最真实的写照。

智多星

读一读

训孝诗

养育之恩不可忘，常思何以报高堂；
追思父辈耕耘苦，烈日酷晒汗流淌。
儿有微恙母不安，求医寻药日夜忙；
将身欲把儿身替，不思饮食泪流长。
养儿防老乃天理，侍奉双亲细忖量；
仲由负米侍父母，孔融让梨美名扬。
门前流水依然在，父母终将驾鹤翔；
羔羊跪乳鸦反哺，劝君及早爱爹娘。

七彩板

苏武牧羊的故事留传千古，关于苏武故事的文学作品也十分多，有兴趣的同学可以找来读一读，相信你会对苏武更加了解。

士[1]章第五

资于事父以事母，而爱同；资于事父以事君，而敬同。故母取其爱，而君取其敬，兼之者父也。故以孝事君则忠，以敬事长则顺。忠顺不失，以事其上，然后能保其禄位，而守其祭祀，盖士之孝也。

《诗》云：“夙兴夜寐[2]，无忝尔所生。”

看看下面的注释和译文，你就知道它是什么意思了！

①士：官名。古时诸侯设置上士、中士、下士之官，其位次于卿大夫。

②夙兴夜寐：《尔雅·释诂》："夙，早也。"又《释言》："兴，起也。"夙兴，指早起。夜寐，晚睡。

以侍奉父亲的一片赤诚之心，去侍奉母亲，那么对父母的爱心是相同的；以侍奉父亲时的恭敬态度，去侍奉天子，那么对天子和父亲的敬爱是一样的。所以，侍奉母亲乃是以爱，侍奉天子乃是以敬，而侍奉父亲的孝道则要爱和敬都齐全兼备。换句话说，以侍奉父亲的孝心，转而侍奉天子，就是忠诚；以侍奉父亲的敬心侍奉师长，就是顺从。以忠诚和顺从的心侍奉君王和师长，就能永远保住他的俸禄和官位，而得以长守先祖的祭祀，这便是士应尽的孝道。

博学角

郑庄公母子“黄泉相见”

春秋时代，郑国国王郑武公娶了一位夫人，叫作武姜，她生了两个儿子，大儿子郑庄公，小儿子共叔段。在生大儿子时，武姜氏难产受到惊吓，一直不喜欢郑庄公。后来，郑庄公继承了王位，武姜氏就同共叔段约好日期，准备里应外合，取代郑庄公。郑庄公得知这一消息后，，很快平息了叛乱。郑庄公对母亲和弟弟的做法很生气，一怒之下，把武姜氏安置到城颍软禁起来，并且向她发誓说：“不到死后埋入黄泉，决不相见了！”

过了一段日子，郑庄公忽然良心发现：不管她做了什么对不起自己的事情，但她毕竟是自己的母亲，她生了自己，把自己养大，自己怎能这样对待她呢？又转念一想，自己是个国王，发誓说过的话又不能随便收回,这可怎么办呢?郑庄公左右为难,吃不下饭,睡不好觉,整天闷闷不乐。这一天,郑庄公又在发愁,忽然颍考叔前来看望他。颍考叔负责管理疆界,是出了名的孝子。他带了一些土产礼物进献给郑庄公。郑庄公留他吃饭,在饭桌上,颍考叔把菜碗里的肉,挑出来放到另一个碗里,自己却吃得很少,郑庄公觉得奇怪,便问他:"你为什么要这样做呀!"

颍考叔回答说:"小人家有年迈的母亲,平时我给她做的饭菜,她都吃过了,就是没吃过国王您赏赐的肉,请让我把肉带回去转赠老母,尽一点孝心吧!"

郑庄公感慨地说:"可羡你有母亲可以孝敬,惟独我却不能尽孝心了!"

"这是为什么呀?"颍考叔不解地问。郑庄公将软禁母亲的前后经过说了一遍,又叹了一口气说:"现在回想起来,真是后悔也来不及了。"

颍考叔想了一下说:"国王不必发愁,我有个主意。您可以挖条隧道,下及泉水,您同母亲在那里相见,既见到了母亲,又不违背誓言,别人还能说么呢。"

郑庄公听从了颍考叔的主意,与母亲在隧道里相见,并向母亲请罪,母子又恢复了亲情关系。

智多星

问一问

《诗经·小雅》上说："无论是早起或晚睡，都应当避免污辱生身父母的声誉。"问一问身边的老师、家长，让他们给你讲讲这句话的意思。

七彩板

你是如何称呼家长的？为什么这么称呼？

庶人章第六

用天之道，分地之利，谨身节用，以养父母，此庶人之孝也。

故自天子至于庶人，孝无终始，而患不及者，未之有也。

看看下面的译文，你就知道它是什么意思了！

天道有春生、夏长、秋收、冬藏的规律，地利有各种不同程度可获取的资源，老百姓要善于利用这种天道地利的变化。要谨慎照顾自己的身体，精心开支以节约一切不必要的浪费，以供养自己的父母。这便是庶人应行的孝道。

所以，上自天子，下到庶人，虽有五等尊卑，但应尽的孝道，却无终始贵贱的差别，若有人忧虑做不到，那是绝对不可能的。

博学角

吴猛饱蚊

吴猛是晋朝人，字世云。自幼就是个非常孝顺的孩子。

当其他八岁左右的小孩子还在父母的庇护下撒娇时，吴猛就已经懂得如何孝敬父母了。

刚入夏，吴猛发现父母的眼睛老是布满血丝，红红的，没有一点精神。他很奇怪，不知道为什么。后来经多次细心的观察，吴猛发现了原因。

原来吴猛家境非常贫寒，住在偏僻落后的地方。屋子破旧，又靠近小河边，蚊子异常多，可家里又买不起蚊帐。而父亲每天都要起早摸黑到外面干活儿，母亲也要大清早就到外头去帮佣，赚一点钱补贴家用。劳累了一天的父母本应该好好的休息。可都因为蚊子叮的睡不好觉。所以经常眼睛里布满了血丝。

吴猛非常心疼父母，很是着急。

他想来想去，最后干脆把衣服脱掉，先躺在床上，任凭屋子里的蚊子来叮咬他。尽管蚊子那么多，但为了父母，他能忍受着痛、忍受着痒，忍受着这些蚊子在他身上任意的叮咬。因为他怕他赶走了这

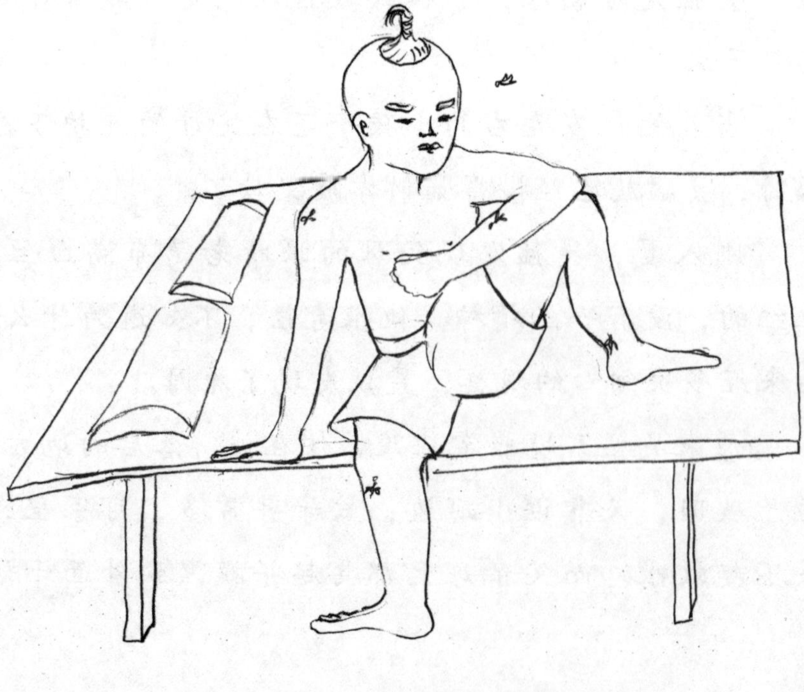

些蚊子后，蚊子再去叮咬他的父母，他不忍心让父母被咬，就任凭蚊子吃得饱饱的。希望蚊子叮了自己之后，不要再去咬父母。

结果吴猛经常被蚊子咬得伤痕累累，满身是包。而且整个夏天都如此坚持下来。

吴猛小小的年纪，就这样至情至爱，体贴父母，实在是令人感动！

现在的父母养育儿女，整天担心孩子吃不好，担心出门发生意外，可以说照顾得无微不至。尤其到炎炎夏日，父母会用一切方法来驱赶蚊子，来保护孩子细嫩的肌肤，如果孩子撒娇，父母亲会把孩子抱在怀里搂一搂、拍一拍；在寒冬里，怕孩子半夜踢被子，母亲会多次起来照看孩子。任何一点点的伤害，父母都会感到不安和心疼。

父母不怕一切艰辛，只希望孩子能在安全、温暖、呵护当中茁壮成长，爱护自己的子女是如此的情深。那么为人子女的我们为什么不能像吴猛一样，为父母做一点回馈？所以说，我们一定要向吴猛学习，体贴父母，报答我们父母的恩情。

智多星

想一想

“吴猛饱蚊”的故事主要是教育我们要学习他孝顺父母的精神。随着社会的进步，我们可以用更适当、更合理的方法去为父母驱赶蚊蝇。比如：清理环境卫生、挂蚊帐、购买驱虫剂、点蚊香等等，请开动你的脑筋，看看还有更多的方法吗？

七彩板

坚持每天为家长做一件家务活，并以日记的形式记录下来。相信你会有所收获的。

三才[1]章第七

快乐诵

曾子曰："甚哉[2]，孝之大也！"

子曰："夫孝，天之经也，地之义也，民之行也。天地之经，而民是则之。则天之明[3]，因地之利[4]，以顺天下[5]。是以其教不肃而成[6]，其政不严而治。先王见教之可以化民也，是故先之以博爱，而民莫遗其亲，陈之以德义，而民兴行。先之以敬让，而民不争；导之以礼乐，而民和睦；示之以好恶，而民知禁。"

《诗》云："赫赫师尹，民具尔瞻。"

注译窗

看看下面的注释和译文，你就知道它是什么意思了！

①三才：指天、地、人。《正义》："天地谓之二仪，兼人谓之三才。"《易·说卦》："立天之道曰阴与阳，并地之道曰柔与刚，立人之道曰仁与义，兼三才而两之。"

②甚哉：甚，很，非常；哉，语气词，表示感叹。

③则天之明：《荀子·劝学篇》："天见其明。"杨注："明谓日月，盖日月流行，以定四时。"

④因地之利：因，凭依。因地之利，意思是就以地之利而利之。

⑤以顺天下：郑注："以，用也。用天时地利，顺治天下，民皆乐之。"按管子曰："顺民之经。"又曰："政之所兴，在顺民心。"又曰："下令于流水之原者，令顺民心也。"

⑥是以其教不肃而成：是以，因此。肃，严厉。这句话的意思是说教化虽然并不严厉，但却能收到

显著的效果。

曾子赞叹地说："孝道确实伟大啊！"

孔子说："孝道，就好像日、月、星辰运行于天，永恒不变；就好像春、夏、秋、冬四时循环于地，历久不易；更是人们效法的法则。人生天地间，应效法天、地那恒久不变的节候，以孝为一切行为的准则。能效法天道的运行，善用大地的生产，就足以顺遂天下百姓的心。因此，以天地的真理教化百姓不须严厉执行就能获得成效，以天地的真理治

理百姓不须严厉执行就可获得大治。先王看见大自然具有如此教化人民的功能，于是自己就以身作则，率先施行博爱；人民受到先王德教的感应，就没有人遗弃父母；陈述宣扬道德和仁义的事绩，人民受到感动，就欢欣地遵行；率先施行恭敬与谦让，人民就不再有纷争；以礼义和音乐教导百姓，百姓皆能和睦相处；为政赏罚分明，百姓都了解禁令而不触犯国法。”

《诗经》上说：“周朝那声誉显赫的尹太师，深受百姓的瞻仰。”

博学角

贼窟救亲

元代有个叫孙抑的人，家住山西洪洞县。武宗年间，考上了进士，官为刑部郎中。但因对朝廷不满，所以辞去官，回去尽力孝奉父母。

这时家乡兵荒马乱，强盗四起，他想带双亲往南阳逃避。途中遇贼兵拦路。因势单力弱，很难保护二亲，于是就毅然决定先护送母亲脱险。父亲在后面被擒，孙抑誓死要救出父亲。安顿好母亲后，不顾艰难险阻，只身进入土匪巢中，但终因寡不敌众，反被捉拿。孙抑涕泣哀求，释放他的父亲。匪首看他是个孝子，很受感动，于是就把他的父亲释放了。

有诗赞曰：

文人遇贼似临渊，求释老亲泣涕涟。

贼感孝诚遂许放，全家安返乐团圆。

智多星

猜一猜

他佚其名,楚人,至孝,奉二亲极其甘脆。阅读这首诗，猜猜他是谁?

老翁七十称年少,

五彩衣妆拟婴闹。

诈卧娇啼逆常理?

为博高堂二老笑。

七彩板

放学回家，帮工作一天的父母倒杯茶、洗洗脚，你会有一种怎样的感受和体会？请孝敬父母的小朋友不妨试一试，并谈一谈你的感想。

孝治章第八

快乐诵

子曰："昔者明王之以孝治天下也，不敢遗①小国之臣，而况于公、侯、伯、子、男乎？故得万国②之欢心③，以事其先王。治国者④不敢侮于鳏寡⑤，而况于士民⑥乎？故得百姓之欢心，以事其先君。治家者不敢失于臣妾，而况于妻子乎？故得人之欢心，以事其亲。夫然，故生则亲安之，祭则鬼享之。是以天下和平，灾害不生，祸乱不作。故明王之以孝治天下也如此。"

《诗》云："有觉德行，四国顺之。"

注译窗

看看下面的注释和译文，你就知道它是什么意思了！

①遗：遗弃、遗忘、失礼之意。

②万国：指四方各诸侯国。唐玄宗曰："万国，举其多也。"

③欢心：爱护、拥护之心。司马光曰："莫不得所欲，故皆有欢心以事其先王，孝孰大焉？"范祖禹曰："上以礼待下，下以礼事上，而爱敬生焉。爱敬所以得天下之欢心也。"

④治国者：指天子所分封的诸侯。郑注："治国者，诸侯也。"

⑤鳏寡：《孟子·梁惠王篇》："老而无妻曰鳏，老而无夫曰寡。"郑注："丈夫六十无妻曰鳏，妇人五十无夫曰寡。"《礼记·王制篇》："少而无父者谓之孤，老而无子者谓之独，老而无妻者谓之鳏，老而无夫者谓之寡。此四者，天民之穷而无告者也，皆有常饩。"

⑥士民：指士绅和平民。

孔子说："古代圣贤的帝王都依靠遵行孝道治理天下。对于小国派遣来的使臣都能以礼相待，何况是对公、侯、伯、子、男等诸侯呢？因此，以孝道治理天下的圣明天子，必能深得众臣平民的欢心和拥戴，臣民必依各人的职位来协助天子祭祀历代先王，追思先王的德政。身为受天子分封的诸侯，以孝道治理国家，尚不敢欺骗侮辱鳏夫、寡妇，何况对士绅和平民呢？所以，能深得百姓的欢心和敬仰，百姓也必定恭敬地协助诸侯祭祀祖先。受禄养亲的卿大夫，以孝道治家，尚不敢失礼于家中的男仆女婢，何况是对自己的妻子儿女呢？所以，能深得家人的欢心和爱戴，家人也必心悦诚服地侍奉卿大夫的

父母亲。因此，身为天子、诸侯、卿大夫，若都能遵行孝道，那他们的父母在活着的时候，也就能安心地享受他们的奉养；死后，也能享受他们的祭祀。因此，人人和睦相处，天下太平，灾害、祸乱也就无从发生了。是有圣明的帝王以孝道治理天下，才能如此。”

《诗经·大雅》上说：“天子若具有以孝治天下这种崇高的德行，四方各国必定顺从他的教化。”

博学角

行佣供母

东汉时期有个叫江革的人，字次翁。他从小就没有了父亲，和母亲相依为命。

后来发生了战乱，当地很不太平，江革就背着母亲去逃难。在路上，时时碰见作乱的盗贼，要把江革掠去入伙，江革总是哭诉道：“我有老母在这里，要人供养，我怎么可以和你们一同去啊？”

强盗们一听他说这番话，知道他是一个孝子，就发了慈悲念头，也不忍心杀他了。

后来，江革辗转到江苏邳县，生活越发困苦，甚至连双鞋都没有。如何奉养母亲？江革只能替人家

做工。

他来到一个富裕人家当佣人，每天天不亮便开始担水、劈柴、烧火、做饭、牧马、放牛，不分昼夜地干活。江革将挣来的钱全部用来给母亲添置各种物件，母亲所需要的东西样样都备齐了，他却舍不得将钱花在自己身上。母亲有事外出，他必定亲自驾车缓缓前行。

江革背母、行佣、拉车的孝行很快在天下流传开来。

后来母亲死了，江革哭得很悲哀，并在母亲的坟旁搭了一个茅草屋住在里面，就是睡觉的时候，丧服也不脱去。

有人见到他的品行不错，就举荐他做了孝廉，章帝时他被推举为贤良方正，后任五官中郎将。

智多星

背一背

孝道为荣

二十四孝为圣经，做人必当重德行；
木兰替父去从军，驰骋沙场建奇功。
皇上封她尚书令，不愿做官侍朝廷，
辞王别驾敬父母，忠孝两全留美名！

七彩板

你和同学相处得融洽吗？找找不融洽的原因。马上改正过来，相信你能交到更多的好朋友。

圣治章第九

快乐诵

曾子曰："敢[1]问圣人之德无以加于孝乎？"

子曰："天地之性，人为贵。人之行，莫大于孝，孝莫大于严父，严父莫大于配天，则周公其人也。昔者周公郊祀后稷以配天，宗祀文王于明堂以配上帝。是以四海之内，各以其职来祭。夫圣人之德，又何以[2]加于孝乎？"

"故亲生之膝下，以养父母日严。圣人因严以教敬，因亲以教爱，圣人之教不肃而成，其政不严而治，其所因者本也。父子之道，天性也，君臣之义也。父母生之，续莫大焉。君亲临之，厚莫重焉。故不爱其亲而爱他人者，谓之悖德③；不敬其亲而敬他人者，谓之悖礼④。以顺则逆，民无则焉。不在于善，而皆在于凶德，虽得之，君子不贵也⑤。君子则不然⑥，言思可道，行思可乐，德义可尊，作事可法，容止可观，进退可度，以临其民。是以其民畏而爱之，则而象之。故能成其德教，而行其政令。”

《诗》云：“淑人君子，其仪不忒。”

看看下面的注释和译文，你就知道它是什么意思了！

①敢：与人对语自言冒昧，表敬副词。

②何以：以何，凭什么。

③悖德：悖，违背。悖德，即违背道德。

④悖礼：违背礼仪。

⑤虽得之，君子不贵也：虽，即使。贵，重视。

⑥君子则不然：不然，不是这样的。然，如此。

曾子说：“我很冒昧地请教您，圣人的德行难道没有比孝道更伟大的？”

孔子说：“虽然天地间的万物都具有各自的本性，但其中只以人秉有的本性最为尊贵。人的一切行为没有比孝亲更伟大的了。而在所有的孝行中，没有比尊崇和爱戴自己的父亲更为重要的。而尊崇和爱戴父亲，没有比在举行祭祀时以父亲配享天帝更为重要的。自古以来，能以父亲配享天帝的，就只有周公一个人做到了。从前，周公在举行郊祀时，

以自己的始祖后稷来配享天帝；在明堂祭祀时，以父亲文王配享天帝。因此，每逢祭祀的时候，天下的诸侯，依各人的职位，都来参与祭祀。所以说，圣人的德行又哪有比孝道更伟大的呢？”

“人在刚一出生的时候，就懂得亲近父母，后来在父母的培养和教育下，知晓奉养父母、尊严父母。圣人就是因为看到世人能从小尊严父母，就教导众人敬亲的道理；看到世人能从小对父母很亲近，就教导众人爱亲的道理。所以，圣人的教化不须用严肃的方法就能取得显著成效，圣人的政令不须用严厉的方法就能将天下治理完善。为何圣人能如此顺利呢？这全都归功于他懂得人的天性中孝是一切的根本。

父亲培养、教育儿子，儿子奉养、尊敬父亲，这是一种人类自然的天性，其中更包含着君爱臣子、臣子敬君这样一种天赋的义理，因为奉养父亲能够尽孝，事君才能尽忠。父母生育我们，我们生子传孙，使血脉得以相连属，没有比这传宗接代更为重要的了。君王对臣，好比严父教养子女，没有比这样的恩惠更厚重的了。所以，作为人子的不爱自己的父母，而去爱他人的父母，这就叫作悖德；作为人子的不尊敬自己的父母，而去尊敬他人的父母，这就叫作悖礼。如果认为这样的行为是正确的，那就错了，人民就无从效法了。因此，如果一个人的行为不依照善德行事，而都表现在凶德上，即使一时侥幸得到崇高的地位，但真正有才德的君子不会认为这种地位是可贵的。

“君子和一般悖乱的小人是不一样的。君子所说的每一句话，都先思量能否获得人家的称赞；君子所做的每一件事，都先思量能否获得人家的喜悦；君子的立德行义，都能为人尊敬；君子的事业作为，都能为人效法；君子的容貌举止，都能为人仰望；君子的一进一退，都能为人度量。君子就是以上述的六件事来统治他的人民，因而人民既敬服他又拥戴他，并处处效法和模仿他。因此，君子能轻易地完成他的德教，很顺利地推行他的政令。”

《诗经·曹风》上说：“一个善良有德行的君子，他的威仪一点也没有差错。”

博学角

周公辅政

周武王建立了周王朝以后，过了两年就害病死了。他的儿子姬诵继承王位，这就是周成王。

那时候，周成王才13岁，再说，刚建立的周王朝还不大稳固。于是由武王的弟弟周公旦辅助成王掌管国家大事，实际上是代理天子的职权。历史上通常不称周公旦的名字，只叫他周公。

周公的封地在鲁国，因为他要留在京城处理政事，不能到封地去，等他的儿子伯禽长大了，就派伯禽代他到鲁国去做国君。

伯禽临走的时候，问他父亲有什么嘱咐。周公说：“我是文王的儿子，武王的弟弟，当今天子的叔叔，你说我的地位怎么样？”

伯禽说："那自然是很高的人。"

周公说："对呀！我的地位确实很高，但是我每次洗头发的时候，一碰到急事，就马上停止洗发，把头发握在手里去办事；每次吃饭的时候，听说有人求见，我就把来不及咽下的饭菜吐出来，去接见

那些求见的人。我这样做，还怕天下的人才不肯到我这儿来吗？你到了鲁国，不过是个国君，可不能骄傲啊！"伯禽连连点头，表示一定记住父亲的教

导。

周公辅助成王执政了七年，总算把周王朝的统治巩固下来，他还制订了周朝一套典章制度。到周成王满20岁的时候，周公把政权交给成王管理。

从周成王到他的儿子康王两代，前后约五十多年，是周朝强盛和统一的时期，历史上叫作“成康之治”。

智多星

学一学

以孝道而达到“圣治”而必需做的六件事：“言思可道”“行思可乐”“义德可尊”“做事可法”“容止可观”“进退可度”。

七彩板

“三人行，必有我师。”这句话出自哪里？你明白它的意思吗？

纪孝行章第十

子曰："孝子之事亲也，居则致其敬，养则致其乐，病则致其忧，丧则致其哀，祭则致其严。五者备矣，然后能事亲。事亲者，居上不骄，为下不乱，在丑不争。居上而骄则亡，为下而乱则刑，在丑而争则兵。三者不除，虽日用三牲之养①，犹为不孝也。"

看看下面的注释和译文，你就知道它是什么意思了！

①三牲之养：三牲，指牛、羊、猪。三牲之养，即用佳餐美味，供养父母之意。

孔子说："作为一个孝子在日常的起居生活中要以最诚恳的心情去周到地照顾父母；奉养时，要以最和悦的心情任劳任怨地服侍父母；父母生病时，要以最忧虑的心情照料父母；父母过世时，要以最哀痛的心情来料理后事；举行祭祀时，要以最严肃的态度来追思父母。以上所说的五个方面都能做到，才称得上是能侍奉双亲的孝子。侍奉双亲的孝子，身居高官厚禄的位置上也要谦虚而不敢骄傲自大；地位低下之时也不敢悖乱违法为非作歹；在与人相处中不与人发生争斗、计较。身居高位的，要是因此骄傲自大，必定会招惹祸端导致身亡；身居下位的，要是悖乱违法为非作歹，必定会受到刑罚制裁而使父母受到牵连；在与人相处中，要是与人争斗、计较，必定难免大动干戈。这三种恶习不除去，即使每天用三牲供养父母，仍然不能算是一个孝子。"

博学角

打虎救父

杨香，晋朝杨丰的女儿，自幼练就了一身过硬的功夫。

十四岁那年，有一次随父去田间收割稻子，突然一头斑斓猛虎跃出，将其父扑倒在地。杨香听到父亲的叫声，一个箭步跨上前，跃上虎背抡起拳头，对着虎头猛砸下去，后又将老虎的嘴按在坑里。老虎因无法呼吸，倒地而死。

杨香不畏猛虎，“打虎救父”的故事成了脍炙人口的佳话。

智多星

做一做

做一个能侍奉双亲的孝子最基本的五个方面是：居致敬，养致乐，病致忧，丧致哀，祭致严。这些你都能做到吗？

七彩板

“孝”到底是什么？请你仔细想一想并结合实际，说说怎样做到“孝”。

五刑章第十一

子曰："五刑之属三千，而罪莫大于不孝。要君者无上，非圣人者无法①，非孝者无亲。此大乱之道②也。"

看看下面的注释和译文，你就知道它是什么意思了！

①非圣人者无法：非，诽谤，诋毁。这句话的意思是用言语诋毁圣人的人在他的心目中就没有法理的存在。

②大乱之道：大乱的根源。道，根源。

孔子说："属于五刑的犯罪条款有三千多条，在这三千多条大小不等的罪行中，以犯不孝罪所判的刑罚最重。凡是以武力胁迫君王以达到个人目的的人，在他的心目中就没有君王的存在；凡是以言语诽谤圣人出言不逊的人，在他的心目中就没有法理的存在；凡是不孝顺自己父母的人，在他的心目中就没有双亲的存在。以上所说的三种人，是人间一切祸乱的主要根源。”

博学角

缇萦救父

汉文帝初期，朝廷的刑罚是相当严厉的，除死刑之外还有肉刑，不是刺面削鼻，就是剜膝砍脚。

有一次，齐国的太仓令淳于公犯了罪，按法当判肉刑。汉文帝下诏把他逮捕到长安治罪。

淳于公没有儿子，只有五个女儿，他见五个女儿柔弱，不由叹了口气说：“只有女儿没有儿子，到了危急时刻就没有用了。”

淳于公的一个小女儿缇萦听了，下决心拼死也要将父亲救出。她跟在逮捕父亲的官差后面，一直到了首都长安。

到长安以后，缇萦给汉文帝写了一封信，信中说：“我的父亲是齐国的一个小官吏，齐国的百姓全都称赞他为官廉明。如今触犯了法律，当被处以刑罚。我感到很难过，因为我父亲很想悔过自新，但

人死了就不能再活，被损毁了的肉体就不能再恢复，即使他想悔过自新都不可能了。因此我愿意到官家当奴婢下人，以赎父亲的刑罪，使父亲有个悔过自新的机会。”

汉文帝见到这封信后，觉得缇萦小小年纪竟这样懂事，便赦免了淳于公，并且下令废除了肉刑。

智多星

想一想

最大的不孝有三种：第一是威胁君主，第二是诽谤圣人，第三是不孝敬父母。你愿意做这样的人吗？为什么？

七彩板

你有能力做老师的小助手吗？准备以什么样的方式帮助老师？

广要道①章第十二

快乐诵

子曰："教民亲爱②，莫善于孝。教民礼顺，莫善于悌。移风易俗，莫善于乐。安上治民，莫善于礼。礼者，敬而已矣。故敬其父，则子悦；敬其兄，则弟悦；敬其君，则臣悦；敬一人，而千万人悦。所敬者寡，而悦者众，此之谓要道也。"

看看下面的注释和译文，你就知道它是什么意思了！

①广要道：从大的范围来说明孝道。

②教民亲爱：司马光曰："亲爱谓和睦。"教民亲爱，意思是用亲善仁爱的道德去教育民众。

孔子说："教化百姓和睦相处，没有比用奉养父母的孝道更好的办法了。教导百姓懂得长幼之序，没有比用尊敬兄长的悌道更好的办法了。想要改革民情风俗，没有比用音乐更好的办法了。让君王安心，使民众太平，没有比用礼节更好的办法了。礼，诚敬而已。所以，如果有人敬爱自己的父亲，作儿子的一定感到喜悦；有人敬爱自己的兄长，作弟弟的一定感到喜悦；有人敬爱自己的君王，作臣民的一定感到喜悦；敬爱一人，而使千万人喜悦，所敬爱的人虽少，但喜悦的人却很多，这就是所谓的要道啊！"

博学角

千里探亲

清朝乾隆年间，安徽桐城出了一位孝子，名叫方观承。

方观承的祖父和父亲都曾做过朝廷命官，因“文字狱”被株连获罪，流放黑龙江，家产亦被抄没。

年幼的方观承兄弟无依无靠，只得到寺庙中栖身，含泪度日，饱尝艰辛。

但方观承最想念的还是祖父和父亲，他向长老提出千里寻亲的要求，恳求说：“祖父、父亲遥在天涯，对家中亲人望眼欲穿，我们若能前往，定会增添些许慰藉，为给二老一点安慰。我们即使受点折磨，遭受点艰难，也在所不辞。”

方氏兄弟的孝心，感动了长老，长老送其路费，含泪送小兄弟俩踏上了探亲的路程。

方家兄弟一路上风餐露宿，跋山涉水，克服重重艰难困苦，衣破成条，脚生老茧，几个月后终于到黑龙江见到了二老，使二老无比快慰。

智多星

猜一猜

春秋末鲁国人。字子骞。在孔子弟子中，以德行与颜渊并称，而其孝悌之德尤以为人所称颂。看看这首诗，猜猜他是谁？

芦衣难暖御车难，
斥鞭衣破飞满天。
父识子苦欲去妻，
子跪去母三子寒。

七彩板

你还知道多少关于敬孝这方面的故事吗？快讲给同学们听吧！

广至德章第十三

子曰："君子之教以孝也，非室至而日见之也。教以孝，所以敬天下之为人父者也。教以悌，所以敬天下之为人兄者也。教以臣，所以敬天下之为人君者也。"

《诗》云："恺悌君子，民之父母。"非至德，其孰能顺民如此其大者乎？

看看下面的译文，你就知道它是什么意思了！

孔子说："君子以孝道教化人民，并不需要亲自沿着家家户户讲述孝的意义，而是以自己日常的行为感化人。君子教化人们都能够推行孝道，为的是要人民尊敬天下的父母。君子教化人民都能够推行悌道，为的是要人民尊敬天下的兄长。君子教化大臣奉守为臣之道，为的是要为臣的尊敬天下的君王。”

《诗经·大雅》上说：“和乐有礼的君子，不愧是人民的父母。”要不是具有推行孝道这至高无上的美德，谁能有这样伟大的顺应民心的力量呢！”

博学角

木兰从军

北魏末年，柔然、契丹等少数民族日渐强大，他们经常派兵侵扰中原地区，抢劫财物”魏朝廷为了对付他们，常常大量征兵，加强北部边境的驻防。

木兰从军讲的是当时一位巾帼英雄的故事。木兰据说姓花，商丘(今河南商丘县南)人，从小跟着父亲读书写字，平日料理家务。她还喜欢骑马射箭，练得一身好武艺。有一天，衙门里的差役送来了征兵的通知，要征木兰的父亲去当兵。但父亲年纪老迈，又怎能参军打仗呢？木兰没有哥哥，弟弟又太小，她不忍心让年老的父亲去受苦，于是决定女扮男装，代父从军。木兰父母虽不舍得女儿出征，但又无他法，只好同意她去了。

木兰随着队伍，到了北方边境。她担心自己女扮男装的秘密被人发现，故此处处加倍小心。白天行军，木兰紧紧地跟上队伍，从不敢掉队。夜晚宿营，她从来不敢脱衣服。作战的时候，她凭着一身好武艺，总是冲杀在前。从军十二年，木兰屡建奇功，同伴们对她十分敬佩，赞扬她是个勇敢的好男儿。

战争结束了，皇帝召见有功的将士，论功行赏。但木兰既不想做官，也不想要财物，她只希望得到一匹快马，好让她立刻回家。皇帝欣然答应，并派使者护送木兰回去。

木兰的父母听说木兰回来，非常欢喜，立刻赶到城外去迎接。弟弟在家里也杀猪宰羊，以慰劳为国立功的姐姐。木兰回家后，脱下战袍，换上女装，梳好头发，出来向护送她回家的同伴们道谢。同伴们见木兰原是女儿身，都万分惊奇，没想到共同战斗十二年的战友竟是一位漂亮的女子。

木兰代父从军的故事很快就传开了。后人更将此编成歌谣广泛流传。这些歌谣最后更成为一部长篇叙事诗〈木兰诗〉，并流传至今。

花木兰的事迹传至今，主要应归功于《木兰辞》

这一方民歌的绝唱，是这篇长篇叙事诗歌颂了花木兰女扮男装替父从军的传奇故事。诗是这样写的：

唧唧复唧唧，木兰当户织，不闻机杼声，惟闻女叹息。问女何所思，问女何所忆，女亦无所思，女亦无所忆。昨夜见军帖，可汗大点兵。军书十二卷，卷卷有爷名，阿爷无大儿，木兰无长兄，愿为市鞍马，从此替爷征。

东市买骏马，西市买鞍鞯，南市买辔头，北市买长鞭。旦辞爷娘去，暮至黄河边。不闻爷娘唤女声，但闻黄河流水鸣溅溅。但辞黄河去，暮宿黑山头。不闻爷娘唤女声，但闻燕山胡骑鸣啾啾。

万里赴戎机，关山度若飞。朔气传金柝，寒光照铁衣。将军百战死，壮士十年归。

归来见天子，天子坐明堂。策勋十二转，赏赐百千强。可汗问所欲，木兰不用尚书郎。愿驰千里足，送儿还故乡。

爷娘闻女来，出郭相扶将。阿姊闻妹来，当户理红妆。小弟闻姊来，磨刀霍霍向猪羊。开我东阁门，坐我西阁床。脱我战时袍，着我旧时裳。当窗理云鬓，对镜贴花黄。出门看伙伴，伙伴皆惊惶。

同行十二年，不知木兰是女郎！

雄兔脚扑朔，雌兔眼迷离。双兔傍地走，安能辨我是雄雌。

智多星

想一想

“孝道”是我们中华民族传统文化之精髓(suǐ)。你能用你的语言讲讲什么是孝道吗？

七彩板

从小教师就要求我们要德、智、体、美、劳全面发展、结合自身实际谈一谈自己做得怎样。

广扬名章第十四

子曰："君子之事亲孝，故忠可移于君①。事兄悌，故顺可移于长。居家理②，故治可移于官。是以行成于内，而名立于后世矣③。"

看看下面的注释和译文，你就知道它是什么意思了！

①君子之事亲孝，故忠可移于君：移，转移。感情的转移。这是孔子孝道观的一个重要内容。《大学·释齐家治国章》："君子不出家而成教于国。孝者，所以事君也；悌者，所以事长也；慈者，所以使众也。"《礼记·祭统篇》："忠臣以事其君，孝子以事其亲，其本一也。"《曾子·大孝篇》："孝子善事君。盖孝子忠臣，相成之道也。"

②居家理：指善于料理家事。《左传》："先王，

理天下。”杜注：“理，正也。”

③是以行成于内，而名立于后世矣：《礼记·中庸》：“舜其大孝也与！德为圣人，尊为天子，富有四海之内，宗庙飨之，子孙保之。故大德，必得其位，必得其禄，必得其名，必得其寿。”黄道周曰：“君子之立行，非以为名也。然而行立，则名从之矣。事亲孝，事兄弟，居家理，此三者，有修于实，而无其名。事君忠，事长顺，居官治，此三者，有其实而名应之。”

孔子说：“君子侍奉父母能极尽孝道，那么他侍奉君王时才能像精心服侍父母一样极尽忠诚。君子侍奉兄长能极尽尊敬，那么他侍奉年长者时才能像尊敬兄长一样恭顺。君子治理家务能极尽认真地达到完善，那么他能以这种精神去为官处事，并做得有条不紊。因此，君子在家若能遵行孝道，培养德行，然后才能在外面建功立业，声誉就可流传于后世了。”

博学角

王祥剖冰

王祥是晋朝的人，年少的时候母亲就过世了。他的继母姓朱，既刻薄又狠毒，对王祥非常不好。屡次在他父亲面前说王祥的坏话，破坏他跟父亲的父子关系。

王祥不但受尽了委屈，后母还对他百般的挑剔刁难，甚至叫他做一些没有办法做的事情。

王祥非但没有和后母作对，反而对后母更好，更加的敬爱，希望能化解与后母的关系。

王祥知道后母朱氏很喜欢吃新鲜的活鱼，所就经常去抓鱼。可是时值严冬，所有的江河全部都冻结了，哪里还有鱼呢？但王祥为了满足母亲的愿望，还是顶着严寒来到河边，可河面早已冰封，如何抓鱼？

王祥想了想，脱掉衣服，开始在冰上凿洞，希望鱼能出现。冰天雪地的，如今的我们出门都要穿着羽绒服，可王祥为了孝敬后母，却连身上本来单薄的衣服都脱掉了，双唇冻紫了，浑身颤抖。

就在这个时候，冰突然自己裂开，竟然有两条鲤鱼跃了出来，王祥非常高兴，就拿回家烹调好给母亲吃。

王祥这颗至诚的孝心，实在是难能可贵。后母在王祥如此的孝敬之下，也很惭愧，最终受到了感化，对王祥也同亲生儿子一般对待了。

智多星

读一读

孔子认为："君子能孝父就能忠君，能敬兄就能尊长，能理家就能做官，如此才能事业有成，名声远扬。"谈一谈你对这句话的理解和认识。

七彩板

如果一个人能孝敬父母尊敬师长，首先就拥有了良好的人际关系，就能得到别人的帮助和支持；如果对口常生活中的每一件事都能认真去做，那么无论是做官还是做学问就更不会马马虎虎。这些优良的品行和良好的习惯就是一个人成功的基础。所以一个人若想成名成家。首先要从培养个人的品行开始。那么你做的如何呢？

谏诤①章第十五

快乐诵

曾子曰："若夫②慈爱、恭敬、安亲、扬名，则闻命③矣。敢问，子从父之令④，可谓孝乎？"

子曰："是何言与⑤，是何言与！昔者，天子有争臣七人，虽无道，不失其天下；诸侯有争臣五人，虽无道，不失其国；大夫有争臣三人，虽无道，不失其家。士有争友，则身不离于令名；父有争子，则身不陷于不义。故当不义，则子不可以不争于父；臣不可以不争于君。故当不义则争之。从父之令，又焉得为孝乎？"

看看下面的注释和译文，你就知道它是什么意思了！

①谏诤：谏，规劝君王、尊长、朋友，使之改正错误。诤，以直言相劝。

②若夫：连词，表示他转或提起，此处可译为像那些。

③闻命：谦词，意思是说对师长的教导已经领会了。

④从父之令：听从父母的命令或指示。《庄子·田子方》："先君之令。"《释文》："令本作命。"

⑤是何言与：这是什么话？是，代词。与，语气词。

曾参问孔子说："听您阐述慈爱、恭敬、安亲和扬名的各种孝道后，我都明白了。很冒昧地再请问，做儿子的若一味听从父亲的命令，这样能算是孝吗？"

孔子说："这是什么话呀？从前，天子身边设有直言相劝的谏诤的臣子七人，即使天子一时触犯王道没有德政，也不会失去他的天下；诸侯身边设有谏诤的臣子五人，即使诸侯一时触犯君道，也不会失去他的封地；卿大夫身边也设有谏诤的臣子三人，即使卿大夫一时触犯臣道，也不会失去他的乡邑。一般的官吏若有谏诤的好友，就能保住一个美好的声誉；做父亲的若有能谏诤的儿子，他就不会陷于不义的行为中。因此，做儿子的若看到父亲有不义的行为，就应该直言相劝；为人臣的若看到君王有不义的行为，就应该进言劝止。所以，只要是不义的事情，不管是什么人做的，都要大胆地直言相劝。做儿子的如果一味盲从父亲的命令，那又怎能称为孝子呢？”

博学角

背父救国

郑成功是福建泉州南安县石井乡人，字大木，海盗武装首领郑芝龙之子。

清顺治三年，郑成功之父郑芝龙降清，而郑成功并未跟随，率部拒降，继续抗清。

郑成功在广东南澳招兵买马，组织义军，打出“背父救国”的旗号，坚持抗清斗争。

清顺治四年至六年，郑成功率领海上义师连破福建同安、海澄、漳浦，并攻克泉州、闽南沿海一带地方，进而占据金门、厦门，在金、厦地区建立抗清基地，健全行政机构，团结各方抗清力量，金、厦地区的社会秩序得到了相对的安定。

郑成功起兵抗清十多年，曾多次进行北伐和南背父救国征，其中以顺治十六年的北伐声势最大。

这年六月，他同张煌言率领17万水陆大军，由崇明而上，破瓜州、克镇江，围南京。

张煌言另率一支军队溯长江而上，进驻上游门户芜湖，并分兵攻克太平、宁国等四府三州二十四县。南京清军几不可守。

清统治者为对付这支抗清力量，下令沿海居民内迁三十里，禁止舟船出海，以切断东南沿海居民同郑成功的联系，这给郑成功造成了很大困难。

他为了扭转被动局面，特别是为了坚持长期的抗清斗争，遂决意收复荷兰侵略者于1624年占领的中国领土台湾，以此为抗清根据地。

曾担任荷兰“通事”的爱国者何廷斌向郑成功献了一幅台湾地图，透露了台湾岛上荷兰殖民者内部的一些机密情况，并愿做攻取台湾的向导。

郑成功于顺治十八年年，率部打败了荷兰殖民者，收复了台湾。

1662年，郑成功病逝，他“背父救国，收复台湾”的壮举广为流传，无愧于名垂千古的民族英雄。

智多星

想一想

二十四孝你听说过吗？看看这些你都知道吗？

孝感动天，戏彩娱亲，鹿乳奉亲，为亲负米；
啮指心痛，单衣顺母，亲尝汤药，拾椹供亲；
为母埋儿，卖身葬父，刻木事亲，涌泉跃鲤；
怀桔遗亲，扇枕温衾，行佣供母，闻雷泣墓；
哭竹生笋，卧冰求鲤，扼虎救父，恣蚊饱血；
尝粪心忧，乳姑不怠，亲涤溺器 ，弃官寻母。

七彩板

“从父之命，可谓孝乎？”试着去理解这句话的意思，并和同学们一起讨论一下吧！

感应[1]章第十六

子曰："昔者明王事父孝，故事天明。事母孝，故事地察。长幼顺，故上下治。天地明察，神明彰矣[2]。故虽天子，必有尊也，言有父也；必有先也，言有兄也。宗庙致敬，不忘亲也。修身慎行，恐辱先也。宗庙致敬，鬼神著矣。孝悌之至，通于神明，光于四海，无所不通。"

《诗》云："自西自东，自南自北，无思不服。"

看看下面的译文，你就知道它是什么意思了！

①感应：古人认为人间的精诚能使神灵作出。

②神明彰矣：神明，宗教迷信中认为的一种超自然的具有人格和意志的力量。彰，表扬，赞许的意思。

孔子说："从前，圣明的君王侍奉父亲非常孝顺，所以，在郊祀天帝时，能明白上天降生万物的道理。圣明的君主侍奉母亲非常孝顺，所以，在社祭后土时能了解大地孕育万物的道理。在宗族中，长幼的次序皆能和顺，那么上尊下卑的地位也就能治理得很好。能明察天地降生和孕育万物的道理，也就能获得神明的降福与庇佑。所以，即使贵为万民的天子，但还有比他更尊贵的人，那就是他的父亲；还有比他更先出生的人，那就是他的兄长。到宗庙祭祀祖先时，必诚心表示敬意，这是不敢忘记他的祖先。平日里更要修身养性，谨慎自己的行为，这是不敢玷辱祖先的声誉；天子在宗庙祭祀祖先时，能诚心表示敬意，那么鬼神必显扬他的功德。孝悌的最高境界，就是能感通神明，能感化四海万邦的臣民，能使人人相互感应。”

《诗经·大雅》上说：“自西自东，自南自北，没有人不诚心服从。”

博学角

孝子蔡顺

蔡顺，汉代汝南（今属河南）人，很小的时候父亲就去世了，只得和母亲相依为命。但是年幼的蔡顺很懂事，对母亲非常孝顺。

有一天，蔡顺发现一颗树上结满了桑椹，于是就采了许多带回家给母亲吃。他把红的桑椹和黑的桑椹分开来盛。

这时，赤眉起义军正好经过这里，把他抓去当差，见他把红的和黑的桑椹分开来装，很奇怪，就问他。他说：“红色的味酸，是我自已吃的；黑色的味甜，是拿回家供养母亲的。”

赤眉军感叹道：“你真是个孝子啊！我们不应该让你在这里，你快回家好好服侍母亲吧！”

于是他们把蔡顺送回了家，还送给他三斗白米，一对牛蹄。

后来，蔡顺的母亲死了。在还没有来得及下葬时，突然邻家发生了大火，马上就要烧到他家了，蔡顺见状就伏在棺上嚎啕大哭，奇迹发生了，大火竟越过他家而烧了别人家的房子。

母亲平生最怕打雷。母亲死后，每当打雷时，蔡顺总是守在母亲的坟墓旁边，一边转一边哭着说：“顺在此。”

因为他的孝行，后来被举为孝廉，但是他不愿意远离母亲的坟墓，最终没有赴任。

智多星

猜一猜

已姓,子爵,春秋是郯国国君。念念这首诗，猜猜他是谁?

眼疾双亲思鹿乳,
深山鹿群被毛仆。
猎箭误识欲发出,
高语勿射为父母。

七彩板

“自西自东，自南自北，没有人不诚心服从。”来说说这句话的出处。

事君章第十七

子曰："君子之事上①也，进思尽忠，退思补过②，将顺其美，匡救其恶③，故上下能相亲也。"

《诗》云："心乎爱矣，遐不谓矣④？中心藏之⑤，何日忘之？"

看看下面的注释和译文，你就知道它是什么意思了！

①事上：侍奉君王。

②进思尽忠，退思补过：进，指为朝廷做事。退，回到家里。郑注："死君之难为尽忠。"韦昭曰："退居私室，则思补其身过。"进思尽忠，是说出来为国家做事，要想到怎样尽忠心，不能有一点虚伪不实之处。退思补过，是说回到家里，要反省修身，

有没有做错事情。

③将顺其美，匡救其恶：将，助。匡救，扶正补救。郑注：“善则称君，过则称己也。”司马光曰：“将，助也。”这句话的意思是对于君王的美政，要帮助其推行；对于君王的过失，也要匡正补救。

④遐不谓矣：遐，通“何”。谓，说。

⑤中心藏之：中心，即心中。藏，隐藏。

孔子说：“君子侍奉君王，上朝时必须考虑如何尽忠职守；退朝后应当反省修身补救过失。对于君王的美政，要帮助顺从推行；对于君王的过失，也要匡正补救。这样，君臣间就能相亲相爱了。”

《诗经·小雅》上说：“心中怀着对君王的敬爱，为什么不说出来呢？要将尽忠的真诚永藏在心中，哪一天能够忘记它呢？”

博学角

救民如救火的第五访

古代的复姓较多，有的还很奇特。比如以“第五”为姓者，恐怕今天已经不复存在了。可是在汉朝就有。这里要介绍的一位体察民间疾苦、拯救黎民于水火的廉洁秉公之士，就以“第五”为姓，他叫第五访。《后汉书·循吏列传》还为他写了传，颂扬他的事迹。

第五访，字仲谋，是东汉中期京兆长陵（今陕西省咸阳市东北）人。他的祖父第五伦曾做过汉朝司空的官。祖父以后，家境衰败，沦为贫苦农民。第五访就是在这种贫困的环境里出生，又经受饥寒交迫的磨难。尤其不幸的是，他早年就失去了父母，只好依附于兄嫂家里，由兄嫂把他拉扯成人。

兄嫂的生活自然也是饥不能充食，寒难以添衣。

在清贫之极，生活难以维持的情况下，第五访稍大便到豪门富户家里当雇工，把挣来的钱奉养兄嫂。苦难的童年，磨练了第五访的性格，使他能够体会民间疾苦，同情劳动人民的辛酸。贫困和苦难并没有使第五访丧志，反而激励了他勤学苦读的志气，这也许是祖父留下的遗风吧。第五访一有空闲时间，就借来富家的书籍，孜孜不倦地阅读，他特别注重学习治国之道和与生活密切相关的有关技艺等方面的知识。由于他天性聪敏，富有智慧，再加勤奋刻苦，不耻下问，学识逐步渊博起来。

由于汉代选拔官吏不把学府读书取仕当作惟一途径（正式的科举考试在隋朝才建立），这给没有上过正规学校却有学识的第五访能够做官带来了机遇。一个偶然的机会，第五访被荐，做了某郡的功曹。这“功曹”的官，相当于郡守的总务长，除掌人事之权外，并参与一定政务的处理。

第五访恪尽职守、忠于政务，颇有政绩，很快被荐举为孝廉，补任新都（今四川省新都县）县令。第五访任县令后，治政有方，百业兴盛，三年之间，有相邻的几个县入籍新都县，新都县的户数增加十倍。

不久，第五访升任张掖（郡名，治所在今甘肃省张掖市西北）太守。第五访上任后，这里遇到少见的大旱，从春至夏，滴雨未见，大地干裂，焦土千里，幼小的庄稼苗全部枯死。到秋天，许多农家颗粒未收。一些奸商趁机囤积粮食，抬高粮价，一石粟竟要几千钱。贫穷农家，哪里有钱购粮。荒年如此严重，许多农民忍饥挨饿，奄奄待毙。

第五访看到乡亲们陷于水火之中，受此熬煎，个个奄奄一息。这惨状如同撕肝裂肺，令他坐卧不安，心急如焚。为了拯救这些生灵，第五访当即决定：开仓放粮，赈济灾民。可是有一些官吏，害怕未经批准就打开国家军用粮仓，朝廷怪罪下来，担当不起责任。他们提出，还是先上奏朝廷，获准后再行为妥。

第五访听了这种意见后，果断地说：“如今时间紧迫，救民如救火，一刻也不能容缓。若等上报，批准再行事，就等于把灾民推向死亡的绝路，这怎么能行？”

第五访略停片刻，以无畏的气概说：“我是一郡之长，乐于以自身性命挽救众人性命。朝廷怪罪下来，由我一人负责，是杀是剐，鄙人心甘情愿！大家不要犹豫了，救人要紧。”于是，国家军仓一一被打开，按着户口人丁的多少，为灾民分发了救济粮，拯救了众多百姓的生命。

事后，第五访把灾情和开仓赈济灾民的情况报告给朝廷。汉顺帝知道了这件事，不仅没有怪罪第五访，还特别赞赏第五访的果断行动。为此，顺帝特发诏书，嘉奖第五访赈济灾民的事迹。

由于第五访为官最能体贴民情，把灾民的疾苦和生命看得最重要，终于用办实事的果敢行动保全了一郡百姓。

翌年，第五访率民救灾建业，恢复生产，再加这一年风调雨顺，终于获得农业丰收。收获季节，官民喜气洋洋，打谷入仓。界内无盗无贼，一片太平景象。百姓们含着喜悦的热泪，感激第五访这位农家人的“父母官”。

智多星

背一背

当其不义，则争之。

进思尽忠，退思补过，将顺其美，匡救其恶。

七彩板

都说忠孝不能两全，但有没有既忠且孝的人呢？和同学们一起讨论一下吧！

劝孝歌

王中书

孝为百行首，诗书不胜录。
富贵与贫贱，俱可追芳躅。
若不尽孝道，何以分人畜？
我今述俚言，为汝效忠告。
百骸未成人，十月怀母腹；
渴饮母之血，饥食母之肉。
儿身将欲生，母身如在狱。
惟恐生产时，身为鬼眷属。
一旦见儿面，母命喜再续。
一种诚求心，日夜勤抚鞠。
母卧湿草席，儿眠干蓐茵。
儿睡正安稳，母不敢伸缩。
儿秽不嫌臭，儿病甘心赎。
横簪与倒冠，不暇思沐浴。
儿若能步履，举步虑颠覆。
儿若能饮食，省口恣所欲。
乳哺经三年，汗血耗千斛。

劬劳辛苦尽，儿至十五六。
性气渐刚强，行止难拘束。
衣食父经营，礼义父教育。
专望子成人，延师课诵读。
慧敏恐疲劳，愚怠忧碌碌。
有善先表暴，有过常掩护。
子出未归来，倚门继以烛。
儿行十里程，亲心千里逐。
儿长欲成婚，为访闺中淑。
媒妁费金钱，钗钏捐布粟。
一日媳入门，孝思遂衰薄。
父母面如土，妻子颜如玉。
亲责反睁眸，妻詈不为辱。
母披旧衫裙，妻着新罗绸。
父母或鳏寡，为儿守孤独。
父虑后母虐，鸾胶不再续；
母虑孤儿苦，孀帏忍寂寞。
身长不知恩，糕饵先儿属。
健不祝哽噎，病不如伸缩。
衣裳或单寒，衾绸失温燠。

风烛忽垂危，兄弟分财谷。
不思创业艰，惟道遗资薄。
忘却本与源，不念风与木。
蒸尝亦虚文，宅兆何时卜？
人不孝其亲，不如禽与畜。
慈乌尚反哺，羔羊犹跪足。
人不孝其亲，不如草与木。
孝竹体寒暑，慈枝顾本末。
劝尔为人子，孝经须勤读。
王祥卧寒冰，孟宗哭枯竹。
蔡顺拾桑椹，贼为奉母粟。
杨香搤父危，虎不敢肆毒。
伯俞常泣杖，平仲身自鬻。
江革甘行佣，丁兰悲刻木。
如何今世人，不效古风俗？
何不思此身，形体谁养育？
何不思此身，德行谁式穀？
何不思此身，家业谁给足？
父母即天地，罔极难报复。
亲恩说不尽，略举粗与俗。

闻歌憬然悟，省得悲莪蓼。
勿以不孝首，枉戴人间屋；
勿以不孝身，枉着人间服。
勿以不孝口，枉食人间谷。
天地虽广大，难容忤逆族。
及早悔前非，莫待天诛戮。
万善孝为先，信奉添福禄。

劝报亲恩篇

(一)

天地重孝孝当先，一个孝字全家安。
为人须当孝父母，孝顺父母如敬天。
孝子能把父母孝，下辈孝儿照样还。
自古忠臣多孝子，君选贤臣举孝廉。
要问如何把亲孝，孝亲不止在吃穿。
孝亲不教亲生气，爱亲敬亲孝乃全。
可惜人多不知孝，怎知孝能感动天。
福禄皆因孝字得，天将孝子另眼观。
孝子贫穷终能好，不孝虽富难平安。
诸事不顺因不孝，回心复孝天理还。
孝贵心诚无它妙，孝字不分女共男。
男儿尽孝须和悦，妇女尽孝多耐烦。
爹娘面前能尽孝，一孝就是好儿男。
翁婆身上能尽孝，又落孝来又落贤。
和睦兄弟就为孝，这孝叫作顺气丸。
和睦妯娌就是孝，这孝家中大小欢。
男有百行首重孝，孝字本是百行原。

女得淑名先学孝，三从四德孝为先。

孝字传家孝是宝，孝字门高孝路宽。

能孝何在贫和富，量力尽心孝不难。

富孝鼎烹能致养，贫孝菽水可承欢。

富孝孝中有乐趣，贫孝孝中有吉缘。

富孝瑞气满潭府，贫孝祥光透清天。

孝从难处见真孝，孝心不容一时宽。

赶紧孝来孝孝孝，亲山我孝寿山天。

亲在当孝不知孝，孝殁知孝孝难全。

生前尽孝亲心悦，死后尽孝子心酸。

孝经孝文把孝劝，孝父孝母孝祖先。

为人能把祖先孝，这孝能使子孙贤。

贤孝子孙钱难买，着孝买来不用钱。

孝字正心心能正，孝字修身身能端。

孝字齐家家能好，孝字治国国能安。

天下儿孙尽学孝，一孝就是太平年。

戒淫戒赌都是孝，孝子成材亲心欢。

戒杀放生都是孝，能积亲寿孝通天。

惜谷惜字都是孝，能积亲福孝非凡。

真为心善是真孝，万善都在孝里边。

孝子行孝吉福护，为人不孝祸无边。

孝子在世声价重，孝子去世万古传。

此篇句句不离孝，离孝人伦难周全。

念得十遍千个孝，消灾免难百孝篇。

（二）

人生五伦孝当先，自古孝为百行原。
世上惟有孝字大，孝顺父母为一端。
欲知孝道有何尽，听我仔细对你言。
好饭先尽爹娘用，好衣先尽爹娘穿。
穷苦莫教爹娘受，忧愁莫教爹娘耽。
出入扶持须谨慎，朝夕伺候莫厌烦。
爹娘都调勿违阻，吩咐言语记心间。
呼唤应声不敢慢，诚心敬意面带欢。
大小事情须禀命，禀命再行莫自专。
时时体贴爹娘意，莫教爹娘心挂牵。
宝局钱场休我往，花街柳巷莫游玩。
保身惜命防灾病，酒色财气不可贪。
为非作歹投阴德。惹骂爹娘心怎安。
是耕是读是买卖，安分守己就是贤。
每日清晨来相问，冷热好歹问一番。
到晚莫往旁处去，奉侍爹娘好安眠。
夏天爹娘要凉快，冬天宜暖不宜寒。
爹娘一日三顿饭，三顿茶饭留心观。

恐怕饮食失调养，有了灾病后悔难。

老人食物宜软烂，冷硬切莫往上端。

富家酒肉常不断，贫家量力进肥甘。

但愿自己受委屈，莫教爹娘受艰难。

莫重财帛轻父母，莫受挑唆听妻言。

为人诚心把孝尽，才算世间好儿男。

万一爹娘有了过，恐怕别人笑嗤咱。

委曲婉转来相劝，比东说西莫直言。
爹娘若是顾闺女，莫与姊妹结仇冤。
爹娘若是偏兄弟，想是咱身有不贤。
双全父母容易孝，孤寡父母孝难全。
白日冷清常沉闷，黑夜凄凉形影单。
亲儿亲娘容易孝，唯有继母孝更难。
继母若是性子暴，柔声下气多耐烦。
对人总说爹娘好，受屈头上有青天。
有时爹娘身得病，谨慎调养莫等闲。
煎汤熬药须亲手，不可一日离床前。
病重神前去祷告，许愿唯有善书篇。
尽心竭力来侍奉，日莫辞劳夜莫眠。
休说自己劳苦大，爹娘劳苦更在先。
人子一日长一日，爹娘一年老一年。
劝人及时把孝尽，兄弟虽多不可扳。
若待父母去世后，想着尽孝难上难。
总有猪羊灵前供，爹娘何曾到嘴边。
不如活着吃一口，粗茶淡饭也香甜。
即遭不幸出丧事，不可鼓乐闹喧天。
要知父母恩情大，听我从头说一番。

十月怀胎耽惊怕，临产就是生死关。
一生九死脱过去，三年乳哺受熬煎。
生来不能吃东西，食娘血脉充饭餐。
白天揣着把活做，到晚怀里揽着眠。
左边尿湿放右边，右边尿湿放左边。
左右两边全湿尽，将儿放在胸膛间。
偎干就湿身受苦，抓屎抓尿也不嫌。
孩子醒了她不睡，敞着被窝任意玩。
总然自己有点病，怕冷也难避风寒。
孩子睡着怕他醒，不敢翻身常露肩。
夏天结计蚊子咬，白天又怕蝇子餐。
又怕有人来惊动，惊得强醒不耐烦。
孩子欢喜娘也喜，孩子啼哭娘不安。
这么拍来那么哄，亲亲吻吻如蜜甜。
手里攀着怀中抱，掌上明珠是一般，
娘给梳头娘洗脸，穿衣曲顺小肘弯。
小裤小袄忙里做，冬日棉来夏日单。
不会吃饭使嘴喂，惟恐儿女受饥寒。
结计冷来结计热，结计吃来结计穿。
娘疼孩儿心使碎，孩儿不觉只贪玩。

长大成人往回想，恩情难报这三年。
富家养儿还容易，贫家养儿更是难。
无有烧烟无有米，儿女啼饥娘心酸。
万般由于无其奈，寻茶讨饭到街前。
要下饭来儿先饱，娘就忍饥也心甘。
冬天做件破棉袄，自己冻着尽儿穿。
娘为孩儿受冻饿，孩子小时不知难。
长大成人往回想，无有爹娘谁可怜？
有时发热出痘疹，吓得爹娘心胆寒。
寻找医生求人看，煎汤熬药祷告天。
恨不能够替儿病，吃饭不饱睡不眠。
多咎孩子好伶俐，这才昼夜能安然。
三岁两少才学走，恐有跌磕落伤残。
五岁六岁离怀抱，任意在外跑着玩。
一时不见儿的面，眼跳心慌坐不安。
东家寻来西家找，怕是有人欺负咱。
结计狗咬并车轧，只怕寻河到井边。
父母爱儿无有了，想想爹娘那一番。
小篇不过说大意，千言万语说不全。

（三）

十岁八岁快成人，送到南学读书文。
笔墨纸张不惜费，束修摊派不辞贫。
三顿饱饭供给你，衣裳穿个干净新。
家中有活不教做，给奖为儿自辛勤。
结计学生合格气，又怕先生怒气嗔。
结计孩子身受苦，又怕到大不如人。
儿在南学把书念，那知爹娘常挂心。
十四五六成大人，便要与儿结婚姻。
托个媒人当月老，访求淑女配成婚。
纳采行聘都情愿，钗环首饰费金银。
择个吉日将过事，逐日忙忙操碎心。
油门油窗顶棚绑，洞房裱糊一色新。
时样缨帽买一顶，可体袍褂做一身。
鼓乐喧天门前闹，摆席候客忙煞人。
说的本是富家主，再说贫家父母心。
少吃缺穿难度日，一心给儿把妻寻。
借钱使礼也愿娶，千方百计娶进门。
娶个好的是福利，若是不贤是祸根。
枕边挑唆几句话，当下儿子变了心。

媳妇好比珠宝玉，父母如同陌路人。
待上二年生下子，更忘爹娘把儿亲。
何人与你把妻娶？何人与你过的门？
花费银钱是那个？操心劳力是何人？
拍拍胸膛仔细想，孰轻孰重孰为尊？
养儿准备防备老，养儿不知报娘恩。
没有爹娘生下你，世上怎有你这身？
没有爹娘养你大，怎在世间成个人？
为儿若把爹娘忘，好比花木烂了根。
如果不把亲恩报，扬头竖脑为何人？
为儿若有别的意，指望劝人动动心。
如若你把亲恩报，下边定出好儿孙。

（四）

奉劝世人你是听，五伦之内有弟兄。
为人在世兄爱弟，在世为人弟敬兄。
三人哭活紫荆树，于今成神在天宫。
桃园结义是异姓，何况同父同母生？
同母固然是兄弟，两母兄弟一般同。
莫因嫡庶分彼此，弄得兄弟都无情。
莫因前事生疑忌，闹得兄弟伤真情。
莫因妯娌不和气，兄弟参商各西东。
莫因奴仆传闲话，兄弟界墙把气生。
倘若哥哥性子暴，不过忍些肚里疼。
为弟若是不说理，宽宏大量把他容。
牛宏待着他弟好，身居相位显大功。
彦霄待着他哥好，父子同榜把官封。
兄好弟舒有好报，许多古人难说清。
沈仁沈义兄弟俩，二人俱是翰林公。
因为家产犯争执，不念兄弟手足情。
一齐上控到抚宪，抚宪广劝不动刑。
五伦五常对他讲，飞禽走兽比给听。
比东说西劝一遍，兄弟二人放悲声。

大堂以上哭一抱，越思越想越伤情。

翰林院里为学士，反把手足情看轻。

兄弟回家成义气，后来俱齐把官升。

兄弟和好能得好，老天最重这一宗。

兄弟和睦爹娘悦，就是外人也敬奉。

兄弟和睦是榜样，眼看儿孙又弟兄。

兄宽弟忍听我劝，和气致祥福禄增。

（五）

父母恩情似海深，人生莫忘父母恩。

生儿育女循环理，世代相传自古今。

为人子女要孝顺，不孝之人罪逆浑。

家贫才能出孝子，鸟兽尚知哺育恩。

父子原是骨肉亲，爹娘不敬敬何人？

养育之恩不图报，望子成龙白费心。